Sitzungsberichte
der Heidelberger Akademie der Wissenschaften
Mathematisch-naturwissenschaftliche Klasse
Jahrgang 1928. 19. Abhandlung.

Zur Kenntnis des Fichtenholz-Lignins.
(8. Mitteilung über Lignin und Cellulose.)

Von

K. Freudenberg
in Heidelberg

Eingegangen am 3. Dezember 1928.

Berlin und Leipzig 1928

Walter de Gruyter & Co.

vormals G. J. Göschen'sche Verlagshandlung / J. Guttentag, Verlagsbuchhandlung / Georg Reimer / Karl J. Trübner / Veit & Comp.

Zur Kenntnis des Fichtenholz-Lignins.

(8. Mitteilung über Lignin und Cellulose.)[1]

Verschiedene Untersuchungen über das Lignin, die ich mit meinen Mitarbeitern H. URBAN[2]), H. HESS[3]), M. HARDER[1])[4]) und L. MARKERT[1]) ausgeführt habe, dienten der Sammlung von Beobachtungsmaterial und wurden ohne Betrachtungen über die Konstitution mitgeteilt. Weitere experimentelle Feststellungen, die ich der Zusammenarbeit mit den Herren W. DÜRR, W. BELZ und CHR. NIEMANN verdanke, ermöglichen es nunmehr, ein Strukturschema zu entwerfen, das zwar nicht imstande ist, alle Einzelheiten zu deuten, aber dennoch die wichtigsten Eigenschaften des Lignins zu veranschaulichen vermag.

Angenommen, Vanillin und Piperonal bildeten durch Zusammentritt mit Formaldehyd die Mandelaldehyde I und II. Beide können

I. 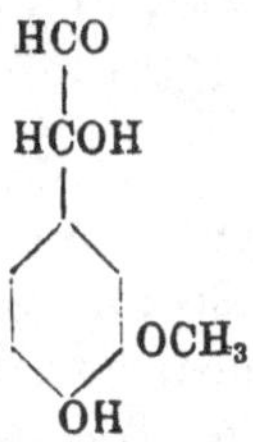

II. 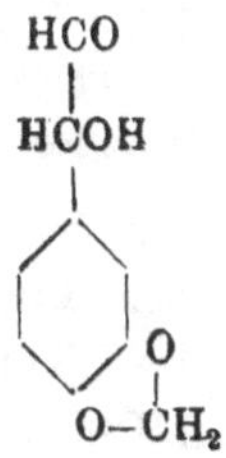

sich mit sich selbst kondensieren; aus je zwei Molekülen entstehen die Aldehyde III und IV. Diese Kondensation vermag sich zu wiederholen mit dem Ergebnis, daß lange Ketten entstehen, in denen die Glieder V und VI beliebig oft wiederkehren. Wenn das Lignin als ein Gemisch angesehen wird, das aus Hauptvalenzketten gebildet wird, deren Glieder zu etwa $^4/_5$ aus der Komponente V, zum Rest aus VI bestehen, so werden wesentliche Forderungen erfüllt, die an die Konstitutionsformel des Lignins gestellt werden müssen. Diese sollen im einzelnen besprochen werden.

---

[1]) 7. Mitteilung: Berichte 61, 1760 (1928) (mit M. HARDER u. L. MARKERT).
[2]) Cellulosechemie VII, 73 (1926).
[3]) Annalen d. Chem. 448, 121 (1926).
[4]) Berichte 60, 581 (1927).

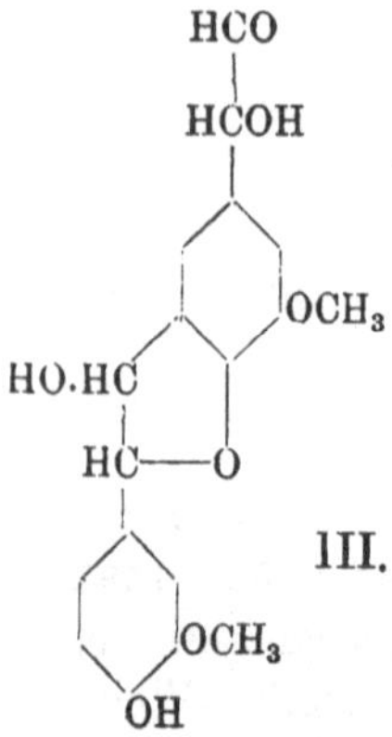
III.

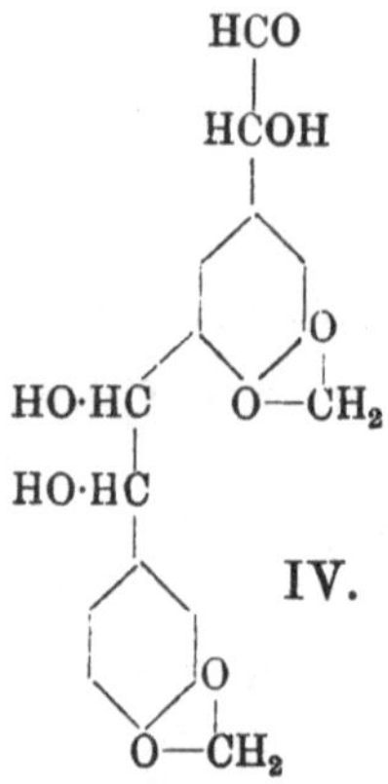
IV.

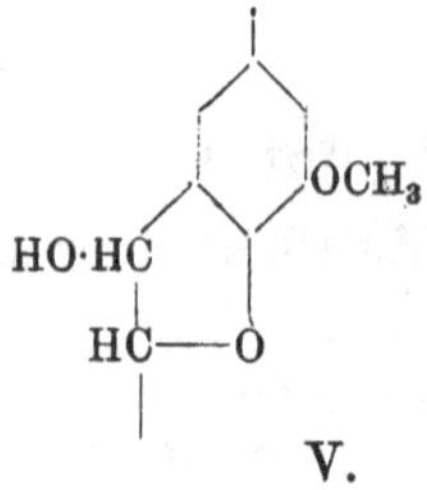
V.

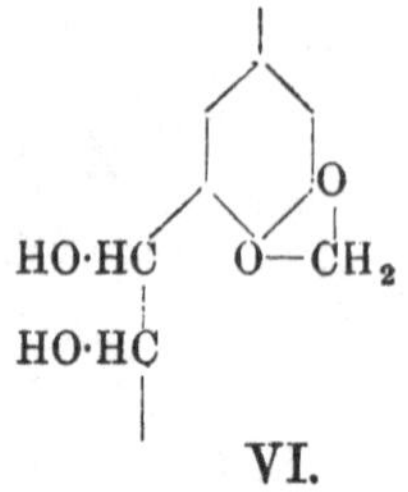
VI.

Analytisches. Lignin enthält 63—65 % Kohlenstoff, 5—5,5 % Wasserstoff und 16 % Methoxyl. Nach der Methylierung der freien Hydroxyle werden 32 % Methoxyl festgestellt. Der abspaltbare Formaldehyd beläuft sich auf 2 bis 3 %.

Ein Gemisch aus fünf Bauelementen V und einem VI erfordert: $(C_9H_8O_5)_5 + (C_9H_8O_4) = C_{54}H_{48}O_{19}$ (1000,4) $= C$ 64,8 %; H 4,8 %; OCH_3 15,5 %; OCH_2 3 %. Zu den vorhandenen fünf Methoxylen treten bei der Methylierung weitere sieben; für alle zwölf Methoxyle werden 33,8 % OCH_3 berechnet.

Abwesenheit von Phenolhydroxyl. Nachdem es gelungen ist[1]), Lignin unter wesentlich milderen Bedingungen als früher herzustellen, ergab die Wiederholung der Versuche von H. HESS[3]) die völlige Abwesenheit von Phenolhydroxyl; denn das Toluolsulfo-Lignin lieferte bei der Verkochung mit Hydrazin keine Spuren von Toluolsulfinsäure, wie dies in Gegenwart von Toluolsulfo-Phenolester zu erwarten wäre. Lignin löst sich nicht in Alkali, während polymerer Coniferylalkohol (VII) nach Versuchen von Herrn CHR. NIEMANN darin leicht löslich ist. Die im Lignin nachgewiesenen Hydroxyle sind sekundär.[3])

Kalischmelze. Daß die Ausbeute an Protocatechusäure sehr gering ist (unter 10 %)[1]), wird durch die Kondensation in der 5-Stellung des Vanillin- und Piperonalrestes verständlich. Die Unmöglichkeit, Vanillin oder Vanillinsäure in Substanz anders als spurenweise zu isolieren, wird gleichfalls erklärt. Wenn neben Protocatechusäure nicht auch Brenzcatechin-carbonsäure VIII entsteht, so ist daran deren Zersetzlichkeit schuld. Wie wenig Bedeutung der Kalischmelze in quantitativer Hinsicht beigemessen werden kann, geht daraus hervor, daß Eugenol eine ebenso schlechte Ausbeute an Protocatechusäure liefert.

Der Anteil des Lignins, der bei der Salzsäuredestillation Formaldehyd entstehen läßt, ist aromatisch.[1]) Der Nachweis der Piperonylkomponente bekräftigt die Annahme, daß das Methoxyl einem Vanillylrest zugehört. Hierfür spricht auch das Verhalten gegen Halogene (s. u.) sowie das optische Verhalten des Lignins, das an Coniferylalkohol (VII) erinnert.[5]) Allerdings sagen die optischen Vergleiche nichts über die Menge der aromatischen Komponente aus. Andererseits können die Versuche, das Lignin mit Benzophenanthren-derivaten oder von diesen abgeleiteten hydroaromatischen Systemen zu erklären, nicht überzeugen. Von den Schwierigkeiten, die bei solchen Versuchen auftreten, seien nur einige hervorgehoben: alle vorgeschlagenen Formeln müßten Substanzen darstellen, die sublimierbar und niedrig schmelzend, auch leicht löslich sein müßten und denen ein kontinuierliches Kondensationsprinzip fehlt. Außerdem treten Bedenken sterischer Art auf.

Abwesenheit offener Seitenketten. Oxydationsmittel finden am Lignin keine hervorgehobenen Angriffspunkte, wie etwa freie Aldehyd- oder endständige Oxymethylgruppen. Noch nie ist es gelungen, die Oxydation des Lignins in der Weise zu leiten, daß zwischen vorhandenem Methoxyl oder Dioxymethylen, also zwischen den Benzolkernen einerseits und dem Verbrauch an Oxydationsmittel oder entstehendem Oxydationsprodukt andererseits eine stöchiometrische Beziehung erkennbar wäre. Aldehydgruppen sind, falls überhaupt, nur sehr spärlich vorhanden[3]); die aldehydischen Enden der Ketten oder Beimengungen vom Typus des Zimtaldehyds (s. unten) können die Träger jener Farbreaktionen sein, die vielen Autoren Anlaß geben, Aldehydgruppen anzunehmen.

Verhalten gegen Brom. Versuche mit Herrn W. BELZ haben ergeben, daß Brom in Bromwasserstoffsäure von Lignin nicht addiert, sondern wie bei einer Substitution aufgenommen wird; die eine Hälfte, und zwar etwa ein Atom für jeden Benzolkern, findet sich im Bromlignin, die andere Hälfte des verbrauchten Broms wird zu Bromwasserstoff. Eine aliphatische Doppelbindung ist nicht nachweisbar. Im Verhalten gegen Brom zeigt das Methoxyl des Lignins weiteste Übereinstimmung mit aromatischem Methoxyl.

Weitere Polymerisation, Farbreaktionen, Verhalten gegen schweflige Säure. Beide Typen, V und VI, können durch Verlust von Wasser in ungesättigte Produkte übergehen. Der Hauptanteil, V, liefert dabei ein Cumaronderivat. Die unerfreulichen chemischen Eigenschaften, insbesondere die Polymerisationsfähigkeit der Cumarone

[5]) R. O. HERZOG und A. HILLMER, Z. physiol. Chem. 168, 117 (1928).

sind bekannt und können mit der Neigung des Lignins zur Bildung von dunklen Umwandlungsprodukten mit offenbar noch größerem Molekulargewicht verglichen werden. Die tiefen Färbungen mit Mineralsäuren lassen sich gleichfalls mit Cumaronsystemen erklären, die guten Ligninen nur in geringer Menge beigemischt zu sein brauchen. Dem Angriff der schwefligen Säure kann eine Anhydrisierung vorausgehen.

Molekulartheoretisches. Das gegebene Schema V und VI erlaubt eine Wiederholung ins Endlose. Die Forderung nach einem kontinuierlichen Kondensationsprinzip, die nachdrücklich betont werden muß, ist hier erfüllt. Wenn trotz der Ausbildung langer Hauptvalenzketten[2]) Reißfestigkeit nicht zu beobachten ist, so kann dafür wohl das spärliche Vorkommen von Hydroxylen, deren Kohäsionskraft bekannt ist, verantwortlich gemacht werden. Immerhin zeigt das Lignin soviel Festigkeit, daß die Form und Größe der Zelle nach Entfernung der Kohlehydrate erhalten bleibt. Die Doppelbrechung ist schwach. Der Ausrichtung der Ketten wäre auch hinderlich, wenn die Bauelemente V und VI in ein und derselben Kette vorkämen. Trotz entgegenstehender Literaturangaben muß für das Lignin ein hohes mittleres Molekulargewicht gefordert werden.

Einzelnes. Die sogenannten „Ligninacetale“ sind durch das vorgetragene Schema nicht ohne weiteres zu erklären. Es ist nicht erwiesen, ob sie überhaupt in die Klasse der Acetale gehören. — Den eingangs mitgeteilten analytischen Daten genügen einigermaßen auch Gemische von Vanillin und Piperonal selbst. Es wäre jedoch unverständlich, wie die Polymerisation dieser Aldehyde unter gleichzeitiger Abschirmung der Phenolgruppen, aber ohne Wasseraustritt, erfolgen sollte. Wenn andererseits zwischen den Kernen drei Kohlenstoffatome liegen, wie etwa in den Gebilden IX und X, so würden die Forderungen der Analyse weniger gut erfüllt, und es müßte angenommen werden, daß der Formal-

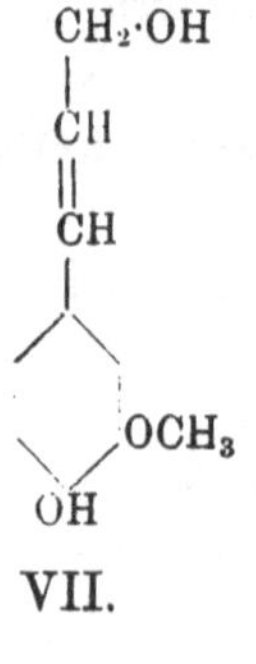

VII.

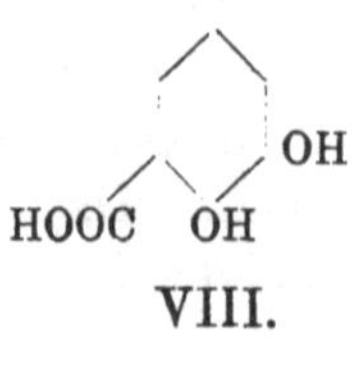

VIII.

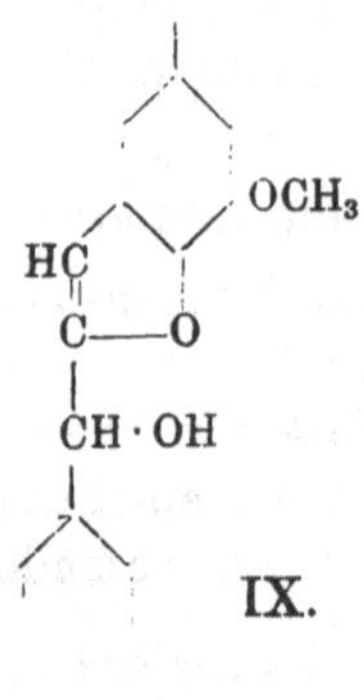

IX.

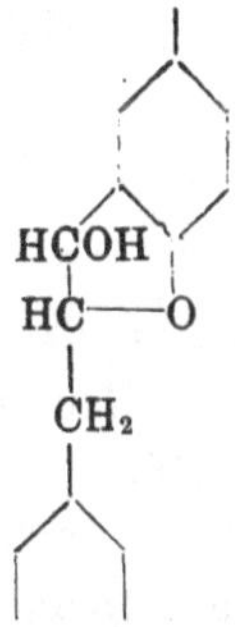

X.

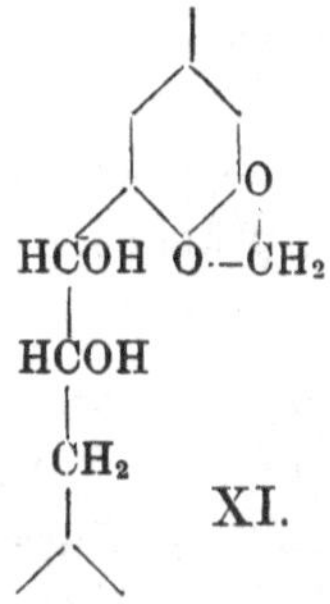

XI.

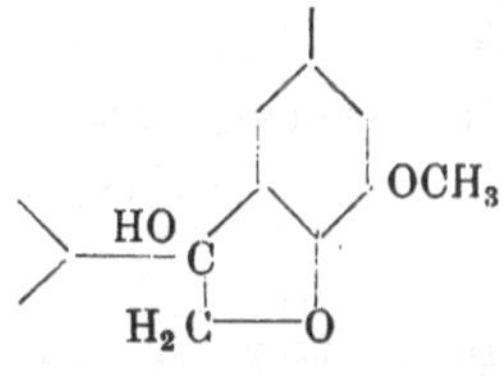

XII.

dehyd, der bei der Säuredestillation auftritt, der Kette entstammt. Denn eine beigemengte Piperonalkomponente würde den Methoxylgehalt unter 15—16 % hinabdrücken. Die Formelbilder IX und X stehen einem der Vorschläge von P. Klason[6]) nahe, der dem Lignin den Coniferylaldehyd zugrundelegt, aber bei der Kondensation von 2 Molekülen haltmacht. Die Formeln stellen den Ausschnitt aus dem Kondensationsprodukt vieler Moleküle dieses Aldehyds vor, sie bedeuteten also eine Erweiterung des von P. Klason vorgeschlagenen Prinzips. Diese Vorstellung müßte ergänzt werden durch eine dem Ausschnitt XI entsprechende, dem Piperonal angehörende Komponente. — An Stelle des Strukturbildes V könnte auch XII in Betracht gezogen werden. Es geht aber aus früheren Versuchen[3]) hervor, daß ein tertiäres Hydroxyl höchst unwahrscheinlich ist.

Biochemisches. Die Vorstellung, daß nebst Formaldehyd lediglich Vanillin und Piperonal, diese ungemein verbreiteten und oft paarweise auftretenden Aldehyde als Baustoffe dienen, hat den Vorzug der Einfachheit. Als Gegenstück ist das Kondensationsprodukt aus Vanillin und Acetaldehyd anzusehen, der im Holz in geringen Mengen vorkommende Ferula-Aldehyd (Hadromal). Auch der verbreitete Coniferylalkohol VII, der Zimtalkohol der Vanillinreihe, gehört hierher.

Im Vorstehenden ist der Versuch gemacht, ein Strukturbild für das Lignin zu entwerfen. Wie stets bei amorphen Gemischen, kann es sich nur um eine erste Annäherung handeln. Wie auch das Endergebnis sein mag, so viel steht fest, daß die Lösung des Ligninproblems auf dem hier vorgezeichneten Wege gesucht werden muß im engen Anschluß an das neu aufgestellte Schema oder an das vom Coniferylaldehyd ausgehende Formelbild in der hier vorgeschlagenen erweiterten Form. In beiden Fällen ist die fortlaufende Kondensation die Hauptsache. Nach

[6]) Ber. 56, 300 (1923).

dem augenblicklichen Stand unseres Wissens läßt sich die Entscheidung zwischen den beiden Typen nicht treffen.

Die Formeln dienen als Arbeitshypothese, die ich mit meinen Mitarbeitern durch weitere Versuche prüfen werde.

Als Beitrag zur Chemie der Cellulose sei eine kurze Bemerkung über das Biosan von K. HESS und H. FRIESE[7]) hinzugefügt. Dieses angebliche Cellobioseanhydrid soll als Zwischenprodukt des schonenden Abbaus der Cellulose in bedeutender Ausbeute entstehen. Mit K. FRIEDRICH habe ich gefunden, daß die Acetylverbindung des „Biosans" etwa 1 % Acetyl mehr enthält (45,8 statt 44,8) als einem Hexacetyl-Biosan zukommt. Diese Differenz tritt besonders dann zutage, wenn das Acetat vor der Analyse aus seiner Lösung in Aceton durch Wasser umgefällt wird. Es handelt sich um eine kettenförmige Verbindung von schätzungsweise 10—16 Glucoseresten; das Acetat eines Polysaccharids von durchschnittlich 14 Gliedern verlangt 45,75 % Acetyl. Auch die Reduktionskraft gegenüber Fehlings Lösung (von K. HESS und H. FRIESE mit $^1/_8$ derjenigen der Glucose angegeben, von uns bestätigt) spricht für diese Auffassung. Ein Polysaccharid von 12—14 Gliedern würde diese Reduktionskraft besitzen. Daß ein solches Gebilde die von K. HESS und C. TROGUS beobachteten Röntgen-Diagramme zeigt, nimmt nicht wunder.

Mit dieser Feststellung fällt die wichtigste Stütze, durch die K. HESS seine Auffassung von der Cellulose noch zu halten versucht hat.

Für die Chemie der Cellulose sind Versuche von Interesse, die sich an die unlängst mitgeteilten Messungen[8]) der Zerfallsgeschwindigkeit von Disacchariden anschließen. Es wurde gefunden, daß die Spaltung der Cellulose von einer Konstante geregelt ist, die nur durch einen sehr geringen Gang von der einer monomolaren Reaktion abweicht und etwa nur halb so groß ist wie die der Cellobiose. Auch die Geschwindigkeit des Zerfalls der Stärke, der innerhalb der Fehlergrenzen monomolar verläuft, bleibt um rund $^1/_3$ hinter der der Maltose zurück. Eine Deutung dieser Ergebnisse kann erst versucht werden, wenn die Reaktionsansätze auf verschiedenen Stufen des Abbaus analysiert sind. Die Versuche hinüber, die sich als langweilig erwiesen haben, sind im Gange und werden auch auf andere Polysccharide ausgedehnt.

---

[7]) Annalen 450, 40 (1926); 456, 48 (1927); K. HESS und C. TROGUS, Ber. 61, 1982 (1928).

[8]) Ber. 61, 1738 (1928).

FSC
www.fsc.org
MIX
Papier | Fördert gute Waldnutzung
FSC® C083411

Zeitfracht Medien GmbH
Ferdinand-Jühlke-Straße 7
99095 Erfurt, Deutschland
produktsicherheit@kolibri360.de